真是令人大开眼界呀！

14 椅子

[法] 安娜－贝内迪克特·施维贝尔 编　唐天红 译

中信出版集团 | 北京

图书在版编目（CIP）数据

真是令人大开眼界呀！. 14, 椅子 / (法) 安娜－贝内迪克特·施维贝尔编；唐天红译. -- 北京：中信出版社，2023.11

ISBN 978-7-5217-5850-4

Ⅰ. ①真… Ⅱ. ①安… ②唐… Ⅲ. ①科学知识－儿童读物②椅－儿童读物 Ⅳ. ① Z228.1 ② TS665.4-49

中国国家版本馆 CIP 数据核字（2023）第 120163 号

GEORGES-DRÔLE DE MAGAZINE POUR ENFANTS/N° CHAISE
Copyright © 2014 Editions Maison Georges
Georges is a registered trademark by Editions Maison Georges.
This edition was published by arrangement with The Picture Book Agency, France and Ye Zhang Agency. All rights reserved.
Simplified Chinese translation copyright © 2023 by CITIC Press Corporation
ALL RIGHTS RESERVED

本书仅限中国大陆地区发行销售

真是令人大开眼界呀！ 14 椅子

编　　者：[法] 安娜－贝内迪克特・施维贝尔
译　　者：唐天红
出版发行：中信出版集团股份有限公司
（北京市朝阳区东三环北路27号嘉铭中心　邮编　100020）
承 印 者：北京尚唐印刷包装有限公司

开　　本：889mm × 1194mm　1/16　　印　　张：3　　字　　数：77千字
版　　次：2023年11月第1版　　印　　次：2023年11月第1次印刷
京权图字：01－2023－1613
书　　号：ISBN 978－7－5217－5850－4
定　　价：398.00元（全20册）

出　　品：中信儿童书店
图书策划：小飞马童书
总 策 划：赵媛媛
策划编辑：张婷
责任编辑：许美琳
营　　销：中信童书营销中心
美术设计：谢佳静
内文排版：王莹

版权所有・侵权必究
如有印刷、装订问题，本公司负责调换。
服务热线：400－600－8099
投稿邮箱：author@citicpub.com

目 录

第一部分 故事篇 / 2

第二部分 游戏篇 / 18

第三部分 五花八门 / 34

我是乔治，我出现在书中的各处，准备和你一起阅读。

帕尔博与椅子

作者：德尔菲内·佩雷

“今天是秋日的第一天。”

这天早晨的报纸上这样说道。今天还是帕尔博的生日。

可报纸既没有提到他摔倒在砾石上，膝盖结了痂的事情，也没说他前天在足球比赛中获得胜利，更没有提到他的生日。然而这一天最重要的事情还没有发生。

膝盖上结的痂并没有什么，不过是在旧伤上再加上几个新伤罢了。帕尔博的大腿、胳膊肘、小臂、下巴、脚踝和手腕上都是伤疤——帕尔博是个表演摔跤的演员。不过这工作他只有空闲的时候才能做，其他的时候，他的角色是小学生、孩子、表弟、侄子、孙子，或者是足球运动员。

那天早晨帕尔博没有课。他吹了生日蛋糕上的蜡烛，那生日蛋糕够大家吃一周了，他还收到了一个包装精美的礼物。

祖母深情地看着帕尔博，在她的注视下，帕尔博拆开了礼物。

“一把椅子？”

没错，就是一把椅子！

谁会收到一把椅子这样的生日礼物呢？
谁又会想到送一把椅子当生日礼物呢？
为什么要送一把椅子呢？

“为了让你能保持安静！”

帕尔博实在是太吃惊了，他甚至都没听清刚才这句惹人烦的话是谁说的。

他拿起椅子，然后把自己关进房间，开始生闷气。

他瞪着这把椅子，向它伸了伸舌头，用脚踢了它一下，看看它会有什么反应。

一个小时之后，他开始坐在椅子上，来回晃荡；两个小时之后，他站在椅子上，模仿表演平衡杂技的演员；傍晚的时候，他已经能在椅子靠背上表演行走杂技了。

几天后，帕尔博扛着他的椅子走出房间。他穿过大厅，打开大门，转过身，举起手，郑重地向大家说了句“再见”，然后就迈着大步出发了。

长故事

一路上，土都跑到了他的袜子里。
他穿过这座城市，在下一座城市稍作停留，
两天后再向下一座城市前进。
他就这样走啊走，一直走到了国家的尽头。

在一个咖啡厅里，
在还没有摆放桌椅的漂亮的露台上，
他开始表演节目。

一个路人停下了脚步，
两个路人停下了脚步，
十个路人停下了脚步，
大家观看他的表演，
为他鼓掌喝彩，
这让他十分欢喜。
然后他又继续前行，
走过了一个国家，
又一个国家。

人们将手伸进口袋，拿出钱来给他。这可是他们打算买食物和日用品的钱。算了，这些东西明天再买好了。

很快，他开始在室内大厅里表演，人们把他的名字印在了海报上，宣传他的巡回演出。大家争抢着买票，想要一饱眼福。

所有人都梦想着能坐在前排，距离近得能数清他的眉毛有几根才好呢。

他走过很多大城市，那里的人们似乎从来都不睡觉；他与有名的狮子、才华横溢的钢琴家都有过近距离接触；曾与一位沙皇共进早餐；曾登上热气球；曾在拉普兰德的一条河中沐浴；曾在世界上最富丽的剧院中成功表演，并获得经久不息的掌声。

他每天的早餐是一杯茶和几片面包。他仍然保持着纯粹的心，享受生活中的每一刻。尽管住着豪华的酒店，尽管已经成为颇有名气的人物，但他依然保持初心，安于宁静的生活。他仍然能够辨别出蜻蜓拍动翅膀的细小声音，喜欢夜晚在阳台上感受抚过他头发的温暖的风。

帕尔博

然后，有一天，他又将椅子背在了背上。

他离开了宾馆的房间，穿过大厅，打开大门，迈着大步出发了。

他走了很久，重走了几年前走过的那些城市。一路并不平坦，他爬坡、下坡，有时会偏离原来的路线，有时稍作停留，然后继续前行。

路上的泥土进到他的袜子里。

最后，他终于到家了。
他没有敲门，直接走了进去。家人们都坐在桌子旁边。

“啊，你终于回来了！”

家人已经为他准备好了饭菜，只是缺了一把椅子。
这可凑巧了，他的后背上正好背着一把呢。

“我有很多事情要对你们讲！”

帕尔博将椅子放在地上，他坐在上面，发出满足的叹息。这是他第一次坐在这把椅子上。

■ 访谈 ■

与赫尔穆特·施瓦乐的访谈

文本与绘图：德尔菲娜·佩莱

乔治与赫尔穆特·施瓦乐进行了一次访谈，后者参与了《帕尔博与椅子》的演出。如果大家想不起他出现在哪一个场景中，那也是正常的，因为赫尔穆特只出场一次，他饰演的是一个龙套角色。

“最近有人为我提供了一个饰演尤利乌斯·恺撒的骏马一角的机会，但是我对那些历史巨片并不是很感兴趣。”

您在帕尔博的故事中饰演了一个小角色……这是您自己选的吗？还是说您也梦想能够饰演主角？

林尔穆特 我是个化学专业的大学生，在我父母看来，拍电影的同时不耽误学习，这一点非常重要。所以，我把拍电影放在次要位置上，但是我承认我确实很喜欢表演。我很小的时候就喜欢登台演出。我曾试着不把表演看得太重要，但是我还是梦想着能遇到重要的转机，期待有个能展现自我的角色！无论如何，我都真的很想在电影中表演。最近有人让我饰演尤利乌斯·恺撒的骏马一角，但是我对那些历史巨片并不是很感兴趣。我应该忠于自己的梦想！

您有很多同行，在饰演马这一角色的同时还在西部电影中饰演类似的角色，您喜欢这样吗？

林尔穆特 不喜欢，我希望能挑战不同的角色。这……这说起来有些复杂。当然了，我不应该抱怨。不管怎么说，演戏确实很有趣，可是……我觉得我们演员扮演的角色总是有各种差别，不应该用西部片这样的固定类型去定义……要是牛仔肯背着我的话，那我还有可能会考虑接受！（笑声）

您出现在这个故事中的场景是帕尔博旅游的时候。你们是在哪里取景的呢？

林尔穆特 如果您观察得足够仔细的话，您会发现有一个场景出现在了好几个城市的图片中。这样做的目的是使人产生联想，但同时又不会拘泥于某一个具体的城市。我们去的城市有布拉格、佛罗伦萨、巴黎、纽约！这一段是整个拍摄中花费最贵的！还有很多配角。这样做很罕见，但是也正因为这样做了，整个团队在所有这些城市完成了拍摄。我们所有人一起旅行，特别棒，气氛也特别好！皮奥特尔（扮演帕尔博的演员）还准备了多层提拉米苏。在整个拍摄期间，我胖了2公斤！与我在同一个场景中出现的扮演熊的演员，他特别会讲笑话！我们大家成了好朋友。

扮演熊的那个演员是不是在年幼的时候曾在《金环与三只熊》这个故事中担任角色？

林尔穆特 哈哈……这是个谣言！其实，扮演那个角色的是他的哥哥，这兄弟二人不太相像，哥哥演完这个角色之后就放弃拍电影，投身旅馆业了。

邦比和高里

地狱般的奔跑

文本与绘图：玛丽 · 诺维昂

你们俩轮流推着椅子，带我在公园里转一圈，推得快的那个人，就可以享受宝座一小时！
一星期！
一天！
成交！
我宣布，推长椅游戏……
开始了！
走了？
出发！
不对呀，你俩没明白，要一个接着一个来！
其实，我们改了一下游戏规则……
3、2、1……
啊？你们没有权利这样做！
太棒了，出发！
国王殿下在饶舌吗？
嘿！不要这么快！
注意了！
菜园子。
玫瑰！
啊啊啊啊！
啊？
真有趣啊……
这么多落叶呢！一直向前冲！
不，不……
不，不！
来啊，高里！三个人也能坐下！
得三个懒鬼才能完成一个国王的工作呢……
不用了，谢谢，我要去散散步……
你们坐吧，你们高兴，就继续长胖好了！
完

给我画一张椅子

文本：樊尚·雅多　绘图：塞维里·米耶

要是查尔斯·伊莫斯和雷·伊莫斯夫妻二人曾遇见过小王子，那让他们感兴趣的可能就是绵羊了。可事实上他们并没有遇见小王子，所以他们就对长着四条腿的东西产生了兴趣：椅子、沙发等，甚至是大象。

他们二人的爱情故事发生在校园中（位于美国密歇根州的克兰布鲁克艺术学院）。查尔斯是建筑师、雷是画家。他是老师，她是学生。他们相爱、结婚、养育了两个孩子，并创作了几十件艺术品，成为20世纪毋庸置疑的大师。

在成名之前，夫妻二人曾在加利福尼亚定居，为好莱坞做电影布景设计。在好莱坞，他们接触到了胶合板，在后来的创作生涯中他们经常使用这种材料。在第二次世界大战期间，他们发挥天赋，为士兵设计夹板和担架。他们尝试着让木头呈现出弧度，让它弯曲，并发掘新材料，用在之后的设计中。战争结束后，查尔斯和雷二人创办了公司，开始销售他们创作的第一批用胶合板模压成型的椅子，还有首批胶合板材质的家具。

1948年，他们设计了“壳体椅”系列，随即获得了巨大成功。这款椅子采用了玻璃纤维材质，这是一种创新材料，能够让人的身体与椅子十分契合。

几年之后（1956年），夫妻二人又设计出一款沙发椅，他们是这样描述这款椅子的：“长得像棒球手套，可以使人的身体陷进去。”这款躺椅在休闲椅中十分有名，卖出的数量超过600万。

查尔斯夫妇二人的成功并没有妨碍他们娱乐，他们也并没有因此将自己当作社会名流，从他们留下的一些扮成小丑的照片就可以证明这一点。查尔斯也会时常给自己的女儿写字谜信，发明一些手工游戏。从印度旅游回来时，他还为孩子们制作了一把大象椅子。

查尔斯和雷希望他们的家具能够兼具下面这些特点：有趣、舒适、漂亮，并且尽可能不要太贵，因为只有价格不贵，才能进行批量生产。这大概就是他们的作品获得巨大成功，并且在今天仍在生产的原因。

■ 游戏1 ■

椅子

绘图：阿梅丽·法利埃尔

路易森与路易萨是卖二手家具的旧货商，他们的特色商品是：椅子。你知道下图中每款椅子的名字吗？

A. 将每个颜色块替换为它所对应的拼音字母，就可以得到椅子的名称啦！

1.
款式：
●●●UY●

设计者：
迈克尔·托耐特

____

2.
款式：
●●●●SH●●●

设计者：
哈里·伯托埃

____

3.
款式：
●EZ●●●

设计者：
乔治·尼尔森

____

4.
款式：
D●●●●NG●●

设计者：
贝尔纳·朗西亚克

____

5.
款式：
J A

设计者：
埃罗·沙里宁

____

6.
款式：
M I

设计者：
阿纳·雅各森布

____

7.
款式：
Q

设计者：
艾洛·阿尼奥

____

8.
款式：
X

设计者：
盖塔诺·派西

____

■ **游戏2** ■

您请坐！

绘图：克拉拉 · 高尔曼

乔治的姨妈埃尔迪亚内、姨父佩特里克开了一家饭店。每个周六的中午，于姆夫妇都来这里吃午餐。

A. 你来想象一下他们的样子，然后画一画吧。

乔治提示：游戏的下半部分出现在第25页。

■ 游戏3 ■

叮！手工时间到了！

设计者：让-大卫·曼斯鲁

小朋友们，

一起来动手玩一玩吧！

椅子折纸

所需工具：

一把裁纸刀、一管胶水、一把剪刀和胶带。

A. 将下页的椅子纸模沿着边缘剪下来。

B. 请家长帮忙，将T1、T2处的黑线用裁纸刀划开，但两头不要划断。

C. 沿黄线向上折，并将C与D在背面粘在一起，充当椅背。

D. 将A1与B1粘在一起，A2与B2粘在一起，然后将T3与T4两个部分向外翻折，椅子的扶手就折叠好了。

E. 沿T1、T2所在线条及T1和T2间的白线向下折。然后将粘贴片E、F、G、H涂上胶水，并将这4个粘贴片与各自相邻的椅子腿粘在一起。

F. 将粘贴片I和J插入已划开的T1和T2两道缝隙中。

G. 如果必要的话，可以用胶带将I和J粘在椅子下面。

H. 这样一把椅子就做好了。

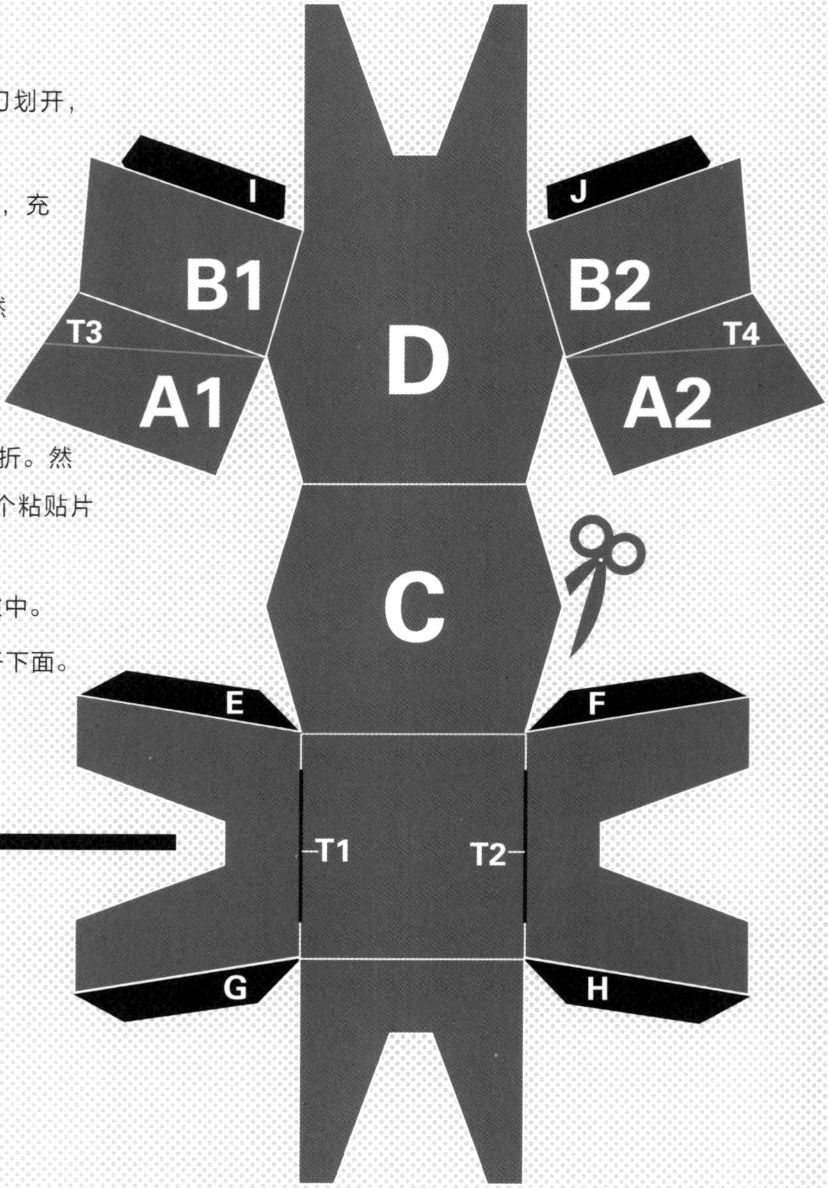

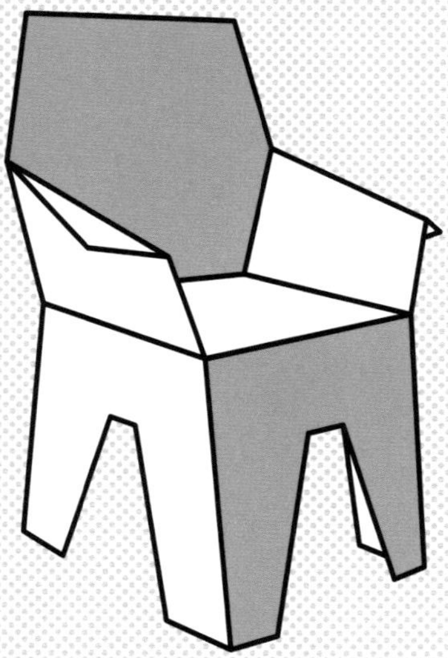

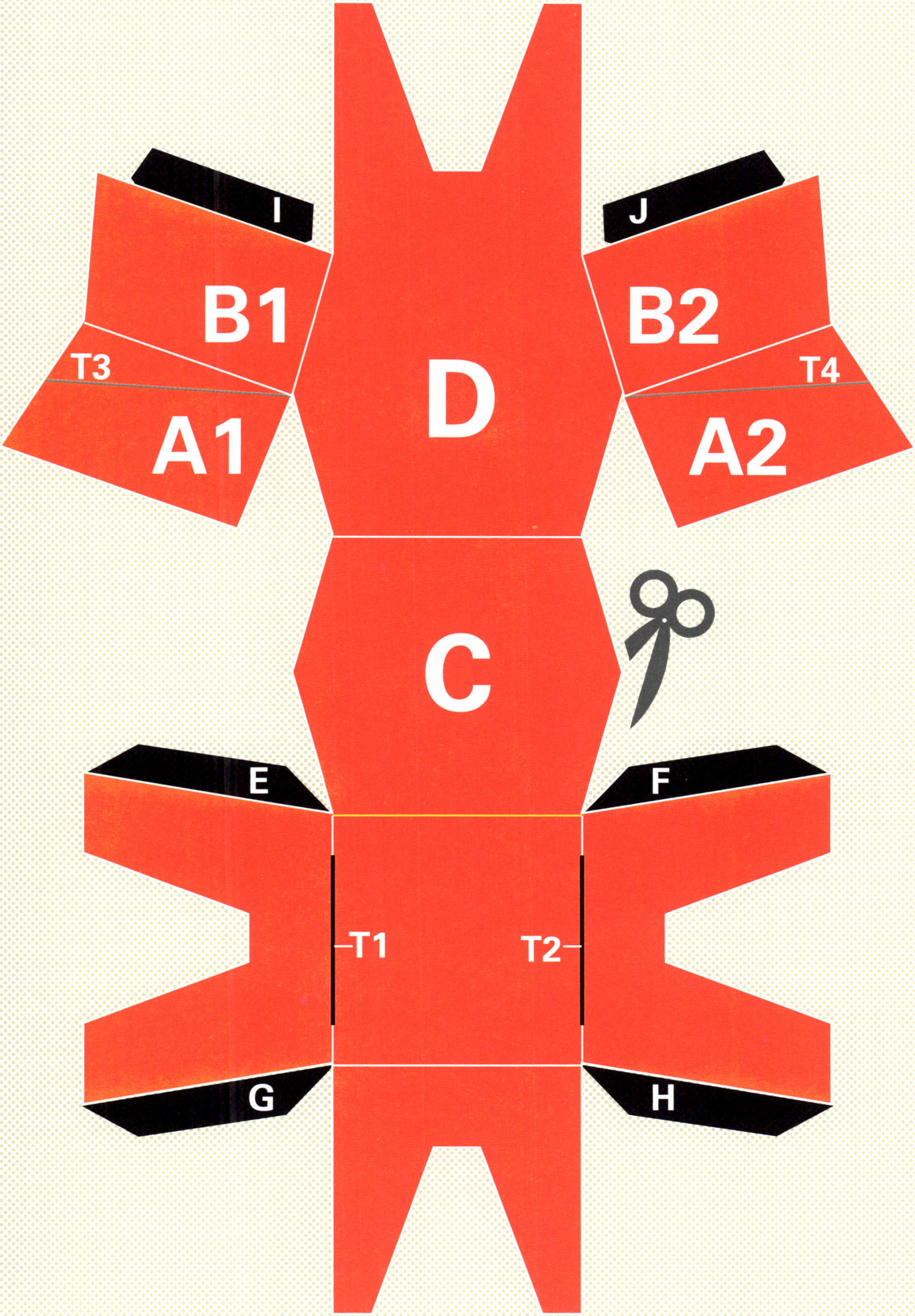
I
J
B1
B2
D
T3
T4
A1
A2
C
E
F
T1
T2
G
H

小朋友们，

继续游戏吧！

#（游戏2 您请坐！）

饭店打烊后，需要将饭店内的一切都整理好！

B. 在下图中找一找，哪一把椅子的椅子腿有损坏？哪一把椅子只出现了一次？

■ 游戏4 ■

抢椅子

绘图：米盖尔·保尔兰

有一天，西蒙娜对乔治说，她在朋友们玩音乐椅子的时候观察过他们。于是乔治问西蒙娜，她说的都是哪些朋友，西蒙娜的回答如下：

“有马丁，就是总戴着背带的那个人；阿尼塔，她就在马丁旁边；让-路易，他是这群人当中个子最高的；还有阿里，他总是喜欢穿衬衫。”

A.根据上述信息，请你分辨出图中的四个人分别都是谁，选出最恰当的一项。

- **1：**
从左至右：马丁、阿尼塔、让-路易、阿里。
- **2：**
从右至左：阿尼塔、让-路易、阿里、马丁。
- **3：**
从左至右：阿里、让-路易、马丁、阿尼塔。
- **4：**
从右至左：阿里、阿尼塔、马丁、让-路易。

B.下面的细节图中，哪一张图的方向反了？

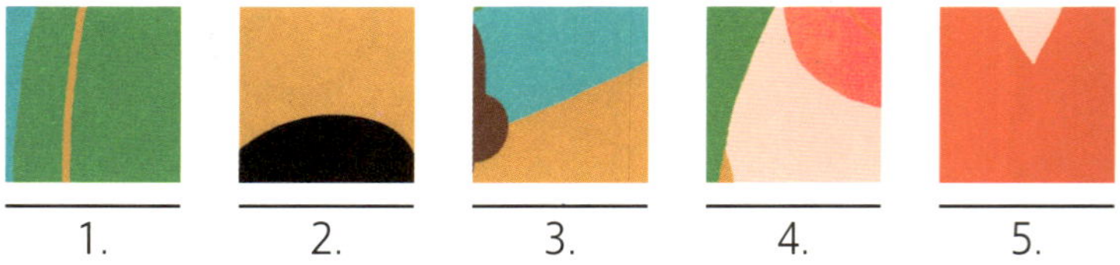

C.请为下页中朋友们做音乐椅子游戏的图片进行排序。

D.根据前文信息，为图片填充颜色！

A

B

C

D

E

F

■ 游戏5 ■

来创作摇滚乐吧!

绘图：卡特琳娜·索布拉

比伯是一个摇滚乐迷，他喜欢坐在自己的摇椅上，创作摇滚乐。

A. 但是比伯有个问题，他总是将字词写错……请你帮他改正过来：句子中标注为黑体的字词是有错误的，请在左侧标注为红色的列表中，选择正确的字词将写错的字词替换掉。

词汇表：

- 香
- 靴子
- 梳子
- 沙发
- 帽子
- 理发店
- 坐垫
- 澡
- 摘掉
- 一圈
- 溜达
- 快
- 早上
- 放在
- 衣服
- 看
- 洗澡间
- 肥皂
- 出去
- 凳子
- 瞧见

歌词：

今天**灶上**，我走进**洗涂问**。

____

我将我的**衣报**放在了**橙子**上，哦！

____

洗完**燥**后，我闻起来很**想**，散发出一股**飞皂**的味道。

____

我拿起**流子**，整理我的头发，哦！

____

然后就到了**除去留达一卷**的时间了。

____

我穿上了我的**薛子**，但是我找不到我的**冒子**了。

____

我在想我把它**方在**了哪里呢，哦！

____

我没有立刻**乔见**它，但是很**块**我就找到了它，

____

它藏在了一个**座垫**下面，就在**纱法**的一头。

____

我大概是没仔细**春**，哦！

____

哦，我的**冒子**，我找到你了，如果我去**里发店**，

____

我不会将你**滴掉**，哦！

____

■ **游戏6** ■

找找我的椅子

绘图：玛尔塔·奥尔兹尔

太奇怪了，太奇怪了，乔治上周找到了这些照片，当他仔细观察这些照片的时候，他发现这些人都没有坐在合适的椅子上……

A. 将每个人都安排在合适的椅子上：

A. ____ B. ____ C. ____ D. ____ E. ____ F. ____ G. ____ H. ____ I. ____

B. 用给出的数字将下面的句子补充完整：1、2、3、4、5、8、14、16。

在左右两页图中，有____个人长着红色的头发，出现了____副眼镜、____只手表、____只手、____双鞋子，____个黑色的钢琴键，还有____个用来喝水的杯子，其中有____个咖啡杯。

■ **游戏7** ■

来到电影院

绘图：樊尚·雅多

乔治和西蒙娜经常去电影院看电影，他们喜欢观察其他观众……

A. 找出左右两页两幅图中的7处不同。

B. 除了在电影院中，在哪些场所也可以看到图中这样的椅子？

在地铁里　　在云霄飞车中　　在自行车上　　在剧院中　　在火箭里

C. 在右侧的文章中，按照下列要求找出词语并改正。

1. 顺序颠倒的词语：
2. 缺少一个字的词语：
3. 多加了一个字的词语：

这个电影大厅接待人类、物动，还有只穿一只鞋的人。图片里有一个人几乎睡着了，长颈有些妨碍到其他观看众了。在大厅的尽头，有个人拿着一个奇怪的机器。

■ 职业万花筒 ■

空间建筑设计师

文本：樊尚·雅多　　绘图：斯特凡尼·拉纳

乔治和萨拉·德·古伊进行了一场访谈，萨拉是一名空间建筑设计师。当乔治听到“空间”这个词的时候，他脑海中浮现出了航天员的形象，因此当得知萨拉从来没有登上过火箭的时候，他感到有些吃惊。

乔治 **你小的时候，梦想的职业是什么呢？**

萨拉 建筑师。

乔治 **你小时候喜欢玩乐高积木吗？**

萨拉 很喜欢玩，我的卧室看起来就像是一座城市，有几十个由乐高积木堆起来的房子，其他的房子是由卡普乐积木堆起来的。我特别喜欢玩积木。

乔治 **你是如何关注到建筑师这个职业的呢？**

萨拉 我碰巧在一本杂志上读到了一篇介绍建筑师的文章。从那时起，我脑子里除了这个职业别的什么都不想了。从初中开始，我就跟着一名室内建筑师实习。

乔治 **你这一路是如何走过来的呢？**

萨拉 我学习的是应用美术专业（这门学科研究的是我们周围所有的东西：居住场所、衣服……）。之后，我开始工作，接着我创立了自己的工作室。然后我又获得了建筑师文凭。

乔治 **你的工作内容是什么呢？**

萨拉 我会为一些场所、居住地、物品做设计，主要是一些城市生活中的摆设，比如我们在大街上常见的长条凳。

乔治 **你是如何工作的呢？你的工作计划会分哪些步骤？**

萨拉 请我做设计的有家庭、企业，有时甚至会接到为整座城市做某一项设计的工作。首先，我会思考一下，人们将会需要怎样的一种设计，打算如何利用。我会根据这些画出设计图，然后，我会和瓦匠、木工、锁匠等人合作，以保证项目能够顺利展开并按时完成。

乔治 **你最渴望设计的项目是什么？**

萨拉 我曾经设计过一个操场和一个图书馆……现在，我想设计一个完整的校园——按照我理想中的校园来设计。

乔治 **你喜欢回到自己设计的场所看一看吗？**

萨拉 当然喜欢啊。我想看看人们在这些场所里，是否会感到舒适，或者大家有没有像我最初设想的那样利用这些场所或者物品。比如一名小学女教师曾经给我寄过一些照片，照片拍摄的是在他们学校的图书馆里举行的一些集体活动。这所图书馆就是经我手改造的。

乔治 **你目前正在进行的项目是什么？**

萨拉 设计休闲椅！这是一种挂在树下的环形椅。有好几层，可以调节好几个位置，这样每个人都可以找到适合自己的位置，坐在上面舒舒服服地聊天、讲讲自己的故事，或者听听别人的故事。

乔治 **如果有孩子想和你从事一样的职业，你会给他什么建议呢？**

萨拉 在成长的过程中，不要忘记自己孩童时代的各种想法，即使是那些奇怪的想法也不要忘记！

象声词

绘图：斯特凡尼 · 拉纳

这个专栏探讨的是语言，乔治今天要教大家学习象声词。象声词是对自然声音的模仿，比如猫咪发出的“喵喵”声，或者是对非自然声音的模仿，比如消防车发出的警报声。我们需要知道的是，每种语言都有自己独特的象声词，比如，英语中形容猫叫的象声词不是“喵喵”，而是“meow”。

想一想。

为下面的场景选择合适的象声词。

1. 丁零丁零
2. 叽叽喳喳
3. 哈哈哈
4. 咕噜咕噜
5. 扑通
6. 嘀嗒嘀嗒
7. 嗷
8. 嘟嘟
9. 隆隆
10. 呼噜呼噜
11. 叮咚
12. 嗒嗒嗒
13. 淅淅沥沥
14. 笃笃笃笃
15. 嗡嗡嗡
16. 刺啦
17. 阿嚏
18. 砰

A. 喝东西的时候发出的声音。__________

B. 电话发出的声音。__________

C. 睡觉的时候发出的声音。__________

D. 汽车引擎发出的声音。__________

E. 手表或挂钟发出的声音。__________

F. 马奔跑时发出的声音。__________

G. 掉进水里或潜入水中时发出的声音。__________

H. 弹簧弹起时发出的声音。__________

I. 老虎为了震慑其他动物发出的叫声。__________

J. 蜜蜂发出的声音。__________

K. 喇叭发出的声音。__________

L. 敲门时发出的声音。__________

M. 鸟的叫声。__________

N. 打喷嚏时发出的声音。__________

O. 门铃发出的声音。__________

P. 笑声。__________

Q. 下小雨的声音。__________

R. 拉上拉链时发出的声音。__________

砰砰
吧嗒
砰砰
砰砰

纸房子

绘图：斯特凡尼 · 拉纳

乔治在这里教大家做一个有4个房间的公寓，只需5分钟就能做好！

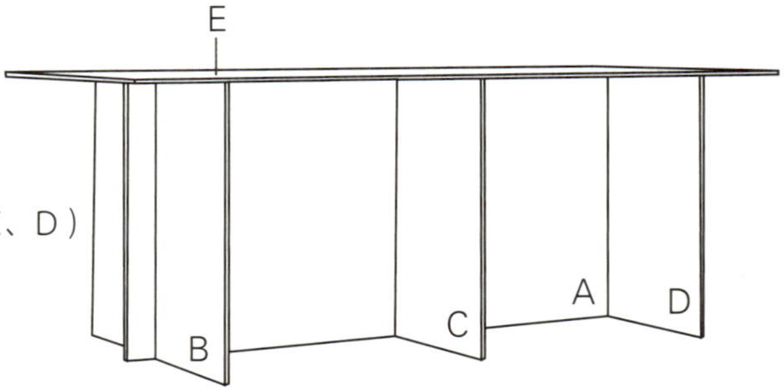

所需材料：

- 一把剪刀
- 胶水
- 记号笔
- 一把尺子
- 一张大纸板55 × 25cm（A）
- 三张中等大小的纸板30 × 25cm（B、C、D）
- 一张大纸板 32 × 58cm（E）

制作方法：

1. 在A纸板上画三条12.5cm长的线，如右图所示，然后沿着这三条线剪三道缝。

2. 在B、C、D三张纸板上，从一侧长边的中间分别画上一条12.5cm长的线，如右图所示，然后沿着每一条线，剪一道缝。

3. 将B、C、D三块纸板，沿垂直方向，插入A纸板中，这样，房屋的墙壁就做好了。

4. 再用剪刀剪裁出门窗，位置由你自己来决定。

5. 现在可以装饰房屋，填充家具了。本书第22页，介绍过椅子的做法，其他的家具你可以自己想象和制作，你可以使用纸板、纸张、胶水、记号笔等。

6. 至于纸板E，你可以用它来做可移动屋顶。

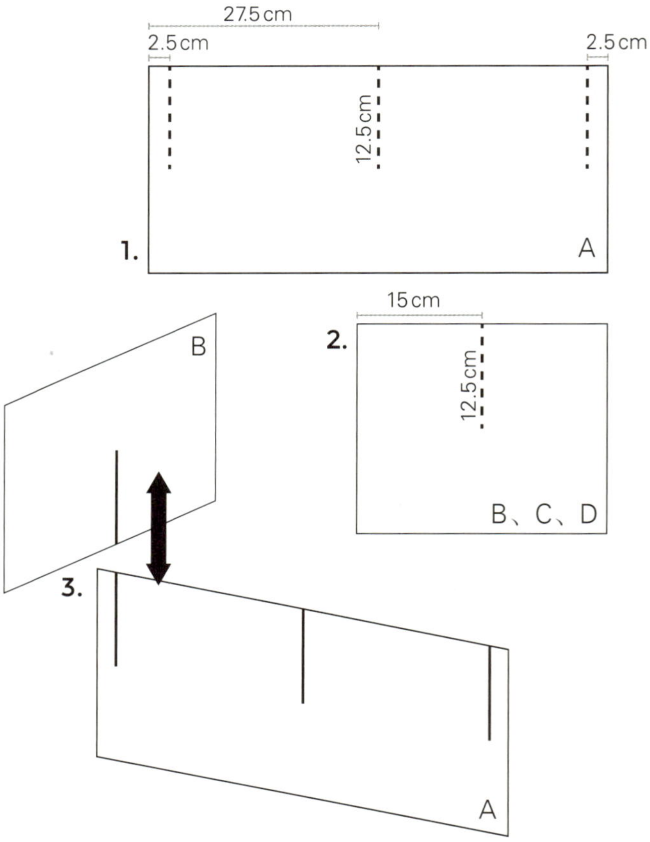

温暖的家！

大饭店

绘图：斯特凡尼·拉纳

开饭了！ 今天乔治向大家推荐的是电影《大饭店》，这部电影的主角是路易·德·菲奈斯，于1966年由雅克斯·波斯纳德执导。

故事情节：

赛普提姆先生管理着著名的赛普提姆大饭店。为了让一切显得完美，让饭店一直都能保持佳声誉，他对待员工很严苛。但是忽然有一天，南美洲的总统诺娃莱斯在饭店吃甜点的时候被劫持了，然后一切都乱了套……

人物：

- 赛普提姆先生
- 大堂经理
- 服务生

服装：

- 赛普提姆先生是个秃头，在电影中他戴了一顶假发。
- 大堂经理和服务生穿着制服。

表演开始！

在这一幕中，赛普提姆先生乔装打扮，在自己的饭店里用晚餐。他做出一副吹毛求疵的样子，借此来测试员工们的耐心和好客程度。他刚刚点了一份萝卜，然后就把大堂经理叫了过来。

对白：

赛普提姆先生： 啊！

大堂经理： 怎么了，先生？

赛普提姆先生： 请告诉我，吃萝卜要搭配什么酒呢？

大堂经理： 啊，先生，您可以配慕斯卡黛葡萄酒。

赛普提姆先生： 干型还是甜型呢？

大堂经理： 搭配干型葡萄酒更好一些。

赛普提姆先生： 我想喝甜的。

大堂经理： 那么您搭配苏玳葡萄酒怎么样？

赛普提姆先生： 苏玳是甜的吗？

大堂经理： 嗯，很甜。

赛普提姆先生： 不会太甜吗？

大堂经理： 如果您觉得太甜的话……您的意思是想要半干型的吗？

赛普提姆先生： 不，我想要半甜型的。

（大堂经理不知道该说什么了。）

不是，您听我说……您还是拿给我看看吧，因为您也不知道。（赛普提姆先生从大堂经理手中拿过菜单，嘴里嘟嘟囔囔的。）我会自己搞定的，您瞧好吧……等一下……（他浏览着菜单。）您这里的依云水怎么样？它……

大堂经理： 我们这里的依云水很清爽。

赛普提姆先生： 啊，这样的话……您这里的巴黎水呢？巴黎水是什么样的？

大堂经理： 巴黎水也很好。

赛普提姆先生： 那么，这样的话，我要温的巴黎水，但是不要热得冒气泡那种。

（大堂经理拿过菜单。）

别从我手里抢菜单！轻点，慢慢地……

（大堂经理走开了，这时候，一个服务生端着几盘菜走了过来。）

啊，哦，不，我点的是萝卜……一个萝卜……行了，好了。（他只从菜盘里挑了一根萝卜出来。）一根萝卜就够了……（服务生正打算要走。）

嗨，嘿！没有餐刀！

菜单

家具甜点

绘图：斯特凡尼·拉纳

现在，乔治向你推荐几种甜点的做法。（有咸口的、甜口的，可以当菜品，也可以当下午茶点。）乔治推荐的这些甜点都做成了家具的样子，它们没有脚，却有两只眼睛，并且都很美味！

所需食材：在每个菜单中，都用黑体标注出来了。

准备：

1. 米莫利托

- 洗一根**黄瓜**，一个**西红柿**，将它们切成片。
- 切一块呈正方体状的**奶酪**。
- 用小刀在**酸黄瓜**的两端刻出眼睛的形状。
- 使用牙签，按照下面的顺序，将各种食材穿在一起：黄瓜片、西红柿片、黄瓜片、奶酪块、酸黄瓜、去核的**橄榄**。

2. 双层苹果

- 将一个**苹果**切成片状。
- 选一片切得较厚的苹果片，要想做出可怕的沙发的牙齿，可以用刀在苹果皮上切出三角形的形状，然后将皮刮掉。
- 在这片苹果上涂上**蓝莓酱**，然后在上面再放上两片苹果。
- 然后该做眼睛了，请家长帮忙将榛子切成两半，然后将两半榛子分别放在最上层的苹果片上，如果想让眼睛能够更好地固定住的话，可以先将榛子在果酱里蘸一下。

3. 三层萝卜

- 将**软面包片**四周的硬皮切掉。
- 将搅拌好的**酱料**涂在面包片上。
- 再拿一片面包，切掉硬皮并涂上酱料。然后将一片**火腿**放在两片涂好了酱料的面包片之间。
- 用餐刀在第一片面包片上面划一个十字，这样便于之后将整个糕点切成四份。
- 洗三个**小萝卜**，将白色部分全部切掉。拿过其中的两个，用餐刀刻出眼睛的形状。将它们放在糕点上面。

4. 樱桃蛋糕

- 请家长帮忙用蒸锅将**黑巧克力**融化，得到巧克力酱。
- 用烤面包机烤一片**面包**。
- 将巧克力酱涂在面包片上，然后将**杏仁**沿着垂直方向插在上面。
- 将一颗**樱桃**切成两半，然后将两半樱桃放在巧克力酱上面，把巧克力酱浇在樱桃上，做成瞳孔的样子。
- 用刀蘸上巧克力酱，在面包片上画出嘴的形状。

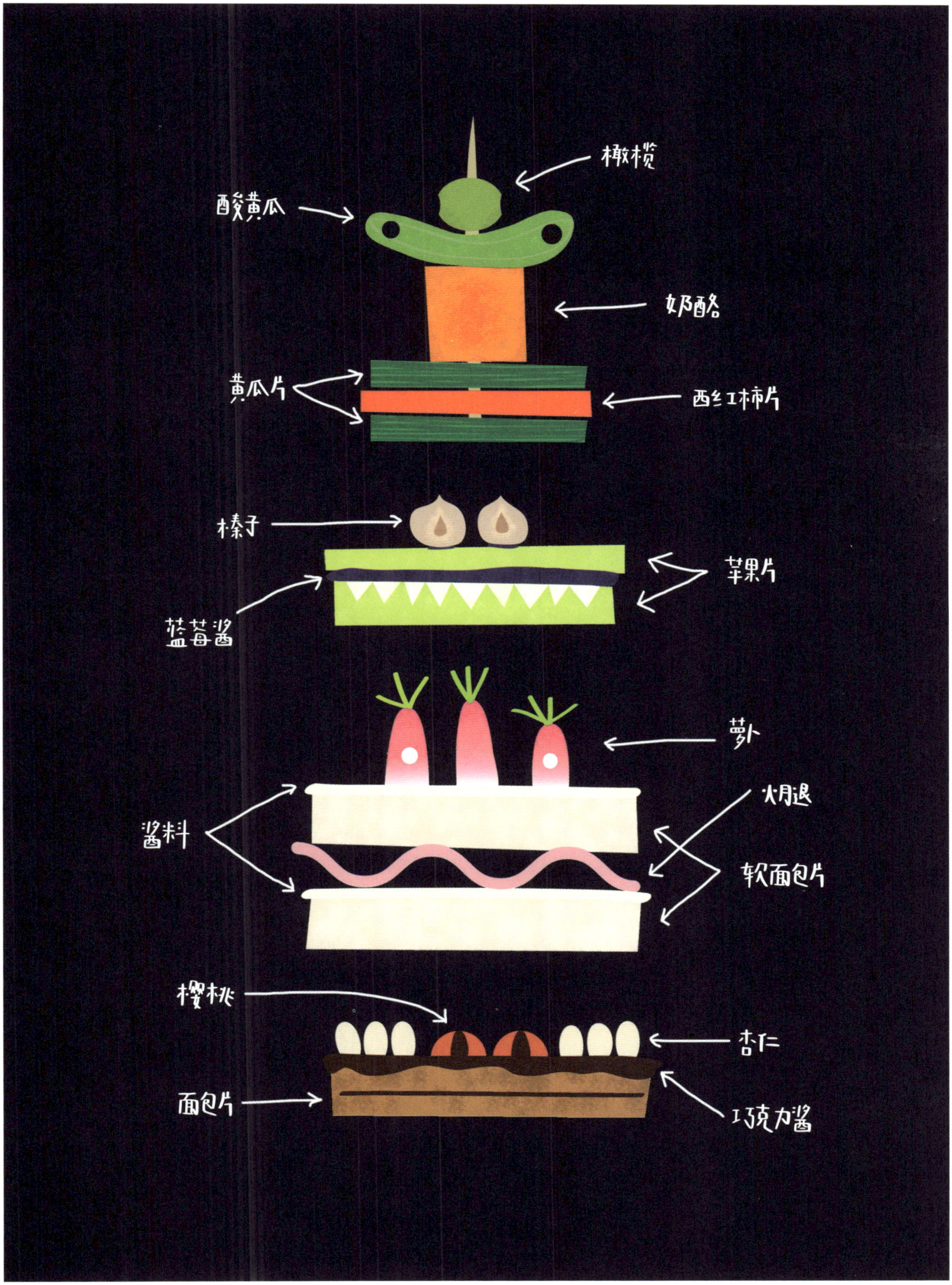

橄榄
酸黄瓜
奶酪
黄瓜片
西红柿片
榛子
苹果片
蓝莓酱
萝卜
火腿
酱料
软面包片
樱桃
杏仁
面包片
巧克力酱

游戏答案

99

这就是封面和封底的

7个不同之处：

游戏1 椅子

1. 款式：（QUMUYI）曲木椅

2. 款式：（ZUANSHIYI）钻石椅

3. 款式：（YEZIYI）椰子椅

4. 款式：（DAXIANGYI）大象椅

5. 款式：（YUJINXIANGYI）郁金香椅子

6. 款式：（MAYIYI）蚂蚁椅

7. 款式：（QIUYI）球椅

8. 款式：（YIXINGYUANQIUYI）异形圆球椅

游戏2 您请坐！

B. 见右图：用蓝色圈出的是只出现了一次的椅子，用绿色圈出的是椅子腿有损坏的椅子。

游戏4 抢椅子

A. 3（从左至右：阿里、让-路易、马丁、阿尼塔）

B. 第3张图的方向反了。

C. E、B、A、D、F、C。

游戏5 来创作摇滚乐吧!

A. 今天**早上**，我走进**洗澡间**。我将我的**衣服**放在了**凳子**上，哦！

洗完**澡**后，我闻起来很**香**，散发出一股**肥皂**的味道。我拿起**梳子**，整理我的头发，哦！

然后就到了**出去溜达一圈**的时间了。我穿上了我的**靴子**，但是我找不到我的**帽子**了。

我在想我把它**放在**了哪里呢，哦！我没有立刻**瞧见**它，但是很**快**我就找到了它，

它藏在了一个**坐垫**下面，就在**沙发**的一头。我大概是没仔细**看**，哦！

哦，我的**帽子**，我找到你了，如果我去**理发店**，

我不会将你**摘掉**，哦！

游戏6 找找我的椅子

A. A. 8，B. 9，C. 5，D. 2，E. 7，F. 1，G. 3，H. 6，I. 4

B. 在左右两页图片中，有4个人长着红色的头发，出现了3副眼镜、1只手表、16只手、8双鞋子、14个黑色的钢琴键，还有5个用来喝水的杯子，其中有2个咖啡杯。

游戏7 来到电影院

A.

B. 在剧院中也可以看到这样的椅子。

C. 1. “物动”应改为“动物”。2. “长颈”应改为“长颈鹿”。3. “观看众”应该改为“观众”。

语言研究所 象声词

A. 4 **B.** 1 **C.** 10 **D.** 9 **E.** 6 **F.** 12 **G.** 5 **H.** 18 **I.** 7 **J.** 15 **K.** 8 **L.** 14 **M.** 2 **N.** 17 **O.** 11 **P.** 3 **Q.** 13 **R.** 16